Ринат Ханбеков

Исследование пленок AlN и создание приборов на их основе

Ринат Ханбеков

Исследование пленок AlN и создание приборов на их основе

LAP LAMBERT Academic Publishing

Impressum / Выходные данные

Bibliografische Information der Deutschen Nationalbibliothek: Die Deutsche Nationalbibliothek verzeichnet diese Publikation in der Deutschen Nationalbibliografie; detaillierte bibliografische Daten sind im Internet über http://dnb.d-nb.de abrufbar.

Библиографическая информация, изданная Немецкой Национальной Библиотекой. Немецкая Национальная Библиотека включает данную публикацию в Немецкий Книжный Каталог; с подробными библиографическими данными можно ознакомиться в Интернете по адресу http://dnb.d-nb.de.

Coverbild / Изображение на обложке предоставлено: www.ingimage.com

Verlag / Издатель:
LAP LAMBERT Academic Publishing
ist ein Imprint der / является торговой маркой
OmniScriptum GmbH & Co. KG
Heinrich-Böcking-Str. 6-8, 66121 Saarbrücken, Deutschland / Германия
Email / электронная почта: info@lap-publishing.com

Herstellung: siehe letzte Seite /
Напечатано: см. последнюю страницу
ISBN: 978-3-659-67074-9

СОДЕРЖАНИЕ

ВВЕДЕНИЕ

Прогресс современных средств связи и радиолокации, во многом заключающийся в повышении рабочих частот используемых устройств, диктует необходимость использования новых материалов, способных обеспечить работу в СВЧ-диапазоне. Ряд исключительных свойств, таких как большая ширина запрещенной зоны (6,0 – 6,2 эВ), высокое электрическое сопротивление (10^{13} Ом*см), высокая твердость (11 – 16 ГПа), а также гексагональная кристаллическая решетка в сочетании с высокой скоростью объемной акустической волны вдоль оси (001) делают нитрид алюминия крайне перспективным материалом для самых разных областей применения, в частности, для создания акустоэлектронных устройств.

Целью данной выпускной квалификационной работы было исследование процессов получения пленок нитрида алюминия с помощью высокочастотного магнетронного распыления и возможности их применения для создания акустоэлектронных приборов, работающих в СВЧ и КВЧ диапазонах. Полученные в данной работе образцы пленки были изучены на предмет наличия пьезоактивности, их структурные свойства, химический состав, а также пьезоэлектрические свойства были исследованы методами сканирующей электронной микроскопии, Оже-спектроскопии, рентгеноструктурного анализа и атомно-силовой микроскопии. Был проведен расчет импеданса пьезопреобразователя на основе нитрида алюминия и его согласования с пятидесятиомной передающей линией в диапазоне частот 8,4 – 9,4 ГГц. Также представлены результаты по расчету и созданию многоэлементного пьезопреобразователя на основе тонких пленок нитрида алюминия, работающего в 8-миллиметровом диапазоне длин волн.

ГЛАВА 1. ТЕХНОЛОГИЯ ПОЛУЧЕНИЯ ПЬЕЗОЭЛЕКТРИЧЕСКИХ ПЛЕНОК НИТРИДА АЛЮМИНИЯ

При решении задачи создания акустоэлектронного устройства возникает вопрос о выборе материала пьезоэлектрика, который будет использоваться в качестве преобразователя в данном устройстве. Для этого существует множество материалов пьезокерамики, пластинки из пьезокристаллов (LiNbO₃), а текстурированные пленки (ZnO, CdS). Акустоэлектрические преобразователи на основе тонких пьезоэлектрических пленок являются оптимальным выбором для широкого круга задач, совмещая в себе относительно высокие величины коэффициента электроакустического преобразования и малые габариты.

Среди материалов для создания пленочных пьезопреобразователей выделяется нитрид алюминия. Имея гексагональную кристаллическую решетку, данный материал также обладает рядом выдающихся свойств, такими как большая ширина запрещенной зоны (6.0 - 6.2 эВ), высокая твердость (11 - 16 ГПа), высокое электрическое сопротивление (10^9 - 10^{13} Ом*м) и высокая теплопроводность [1]. Все вышеперечисленное, наряду с высокой скоростью акустической волны вдоль пьезоактивной оси (001) – порядка 10.98 км/с [2] – делают нитрид алюминия крайне перспективным для огромного круга применений, в частности – для создания различных акустоэлектрических приборов.

Тонкие пленки AlN могут также быть получены различными методами: молекулярно-лучевая эпитаксия, напыление методом ионного ассистирования, химическое осаждение из паровой фазы и другими [3]. Однако среди всех этих методов стоит выделить технологию магнетронного напыления пленок. Ее особенностью является совмещение возможности создания высококачественных пленочных покрытий на основе различных веществ с относительной технологической простотой и низкой себестоимостью процесса получения пленок.

В ходе выполнения данной работы для создания тонких пленок нитрида алюминия использовалась установка магнетронного напыления, изображенная на рисунке 1.1:

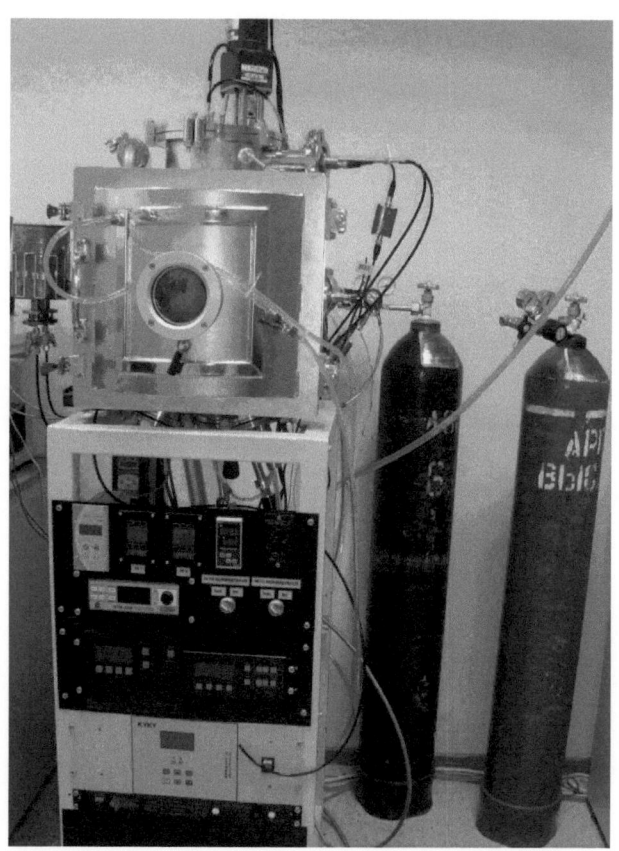

Рис. 1.1 – Установка магнетронного напыления

Её схема представлена на рисунке 1.2 [4]:

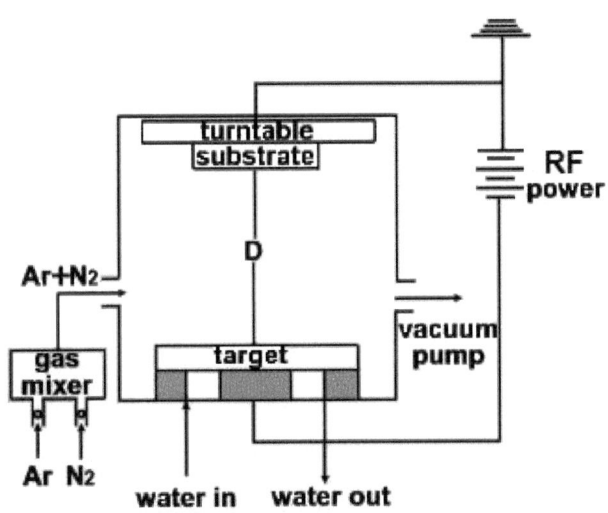

Рис.1.2 – Схема установки магнетронного напыления

Данная установка состоит из вакуумной камеры, имеющей систему водяного охлаждения, внутри камеры находятся три магнетронных испарителя, позволяющие производить напыление нескольких различных материалов, не открывая вакуумную камеру. Также в камере находятся подложкодержатель с функцией нагрева подложки, имеющий механизм вращения для достижения большей однородности наносимых покрытий, и устройство ионной очистки поверхности подложки. Основной элемент установки, магнетронный испаритель (Рис. 1.3) [5], как раз и определяет особенность данного метода напыления.

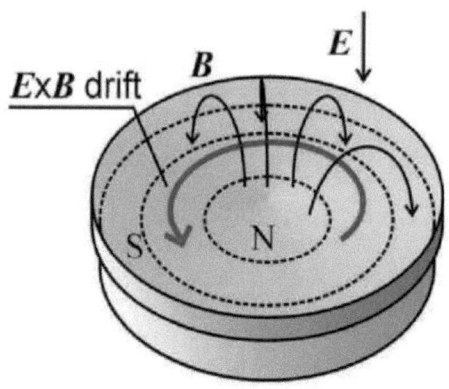

Рис. 1.3 - Изображение мишени, где E – напряженность электрического поля, B – индукция магнитного поля, красным обозначено направление движения электронов.

Мишень, являющаяся катодом, эмитирует электроны со своей поверхности, однако, попадая в магнитное поле, электроны не могут покинуть приповерхностную область мишени и начинают циркулировать над ней, ионизируя тем самым атомы рабочего газа и повышая интенсивность выхода ионов с поверхности мишени.

Вакуум в камере создается с помощью форвакуумного насоса пластинчато-роторного типа и турбомолекулярного насоса. Температура в камере контролируется термопарой, два кварцевых датчика внутри камеры позволяют контролировать скорость и толщину напыляемых пленок. Помимо этого данная установка имеет генератор постоянного тока и ВЧ генератор, с помощью которых осуществляется питание магнетронов.

В представленной работе для создания образцов использовались два материала подложки, один из них - монокристаллический кремний, поскольку с его помощью можно было получить скол для изучения морфологии поперечного сечения пленок нитрида алюминия. Вторым материалом подложки был алюмо-иттриевый гранат, легированный эрбием (Er:YAG). Монокристаллы данного соединения имеют ту же кубическую кристаллическую решетку, что и кремний, являясь при этом материалом звукопровода, вносящим минимальные потери при прохождении акустической волны.

В качестве материалов мишеней использовались алюминий и молибден. Питание магнетронных испарителей осуществлялось от генератора ВЧ колебаний с частотой 13,5 МГц. Мощность генератора можно было плавно регулировать в диапазоне 0-500 Вт. Для обеспечения минимума отраженной мощности между генератором и магнетроном имелось согласующее устройство.

Процесс напыления начинался с откачки вакуумной камеры до значения 0.0008-0.002 Па и включения нагревателя подложки, это было необходимо для обезгаживания вакуумной камеры и ее отдельных элементов. Затем в камеру напускались рабочие газы, они проходили через азотную ловушку, а затем поступали на игольчатые натекатели, расположенные перед входом в камеру, которые позволяли точно регулировать поток поступающих газов. После установления в камере давления 0,4 Па в течение нескольких минут производилось напыление молибдена в атмосфере аргона при закрытой заслонке магнетрона с целью очистки поверхности мишени. Затем заслонка открывалась и на подложку, разогретую до температуры 300 ^{0}С наносилась пленка молибдена, толщина которой для исследованных образцов составляла около 100 нм.

После этого распыление молибдена останавливалось, в камеру напускался азот в соотношении к аргону 1:1 и проводился процесс нанесения пленки нитрида алюминия. При этом вначале также проводилось распыление алюминия на закрытую заслонку для очистки поверхности мишени. В итоге процесс напыления прекращался, когда толщина пленки нитрида алюминия достигала значения 400 нм. Пленка наносилась на подложки так, чтобы кристаллиты нитрида алюминия были ориентированы вдоль направления (001), то есть перпендикулярно плоскости подложки, а для кристаллов Er:YAG – параллельно акустической оси звукопровода для генерации продольных акустических волн.

ГЛАВА 2. ИССЛЕДОВАНИЕ СТРУКТУРЫ И СВОЙСТВ ПЛЕНОК НИТРИДА АЛЮМИНИЯ

Наличие пьезоактивности в полученных пленках AlN проверялось эхо-импульсным методом, схема экспериментальной установки представлена на рисунке 2.1.

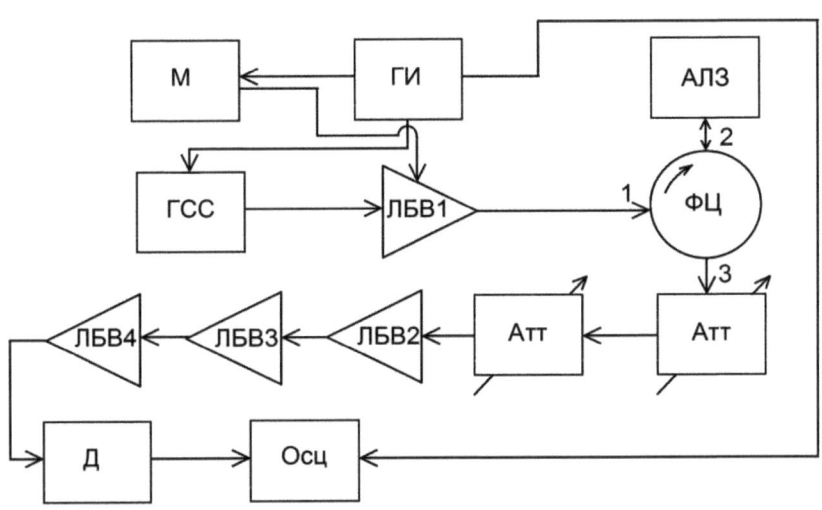

Рис. 2.1 – Схема измерительной установки для исследования возбуждения акустических волн

Образец представлял собой пленку нитрида алюминия, нанесенную на звукопровод из алюмо-иттриевого граната, легированного эрбием (Er:YAG), между слоем AlN и материалом звукопровода находилась металлическая

11

пленка из молибдена. Данный образец помещался в тороидальный акустический резонатор, в который поступал сигнал из ферритового циркулятора. Источником входного сигнала служила лампа бегущей волны (ЛБВ1), которая усиливала исходную мощность 1 мВт от генератора стандартных сигналов (ГСС) до 1 Вт. Модулятор (М) обеспечивал работу ЛБВ1 в импульсном режиме, сам модулятор запускался от генератора импульсов (ГИ), который при этом синхронизировал работу ГСС и осциллографа (Осц).

Сигнал с ЛБВ1 поступал на плечо 1 ферритового циркулятора, затем на вход резонатора через плечо 2. Отраженный от резонатора сигнал, а также задержанный эхо-импульс затем, пройдя через плечо 3 циркулятора, поступали на вход двух последовательных поляризационных аттенюаторов. После этого сигналы проходили через усилительный каскад из ламп бегущей волны (ЛБВ2, ЛБВ3, ЛБВ4) и попадали на детектор, который выводил сигналы на осциллограф. В итоге на экране осциллографа можно было видеть серию импульсов, следующую за отраженным зондирующим сигналом (Рис. 2.1а).

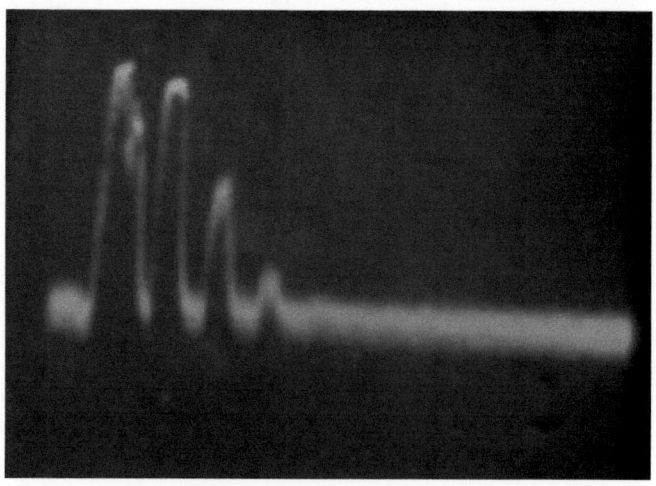

Рис. 2.1а – Изображения эхо-импульсов на экране осциллографа

В начале работ по получению пленок нитрида алюминия после их проверки на описанной установке было выявлено отсутствие эхо-импульсов и как следствие – отсутствие пьезоактивности. Для выяснения возможной причины этого было проведено исследование химического состава пленки AlN методом Оже-спектрометрии. Дело в том, что для создания акустоэлектрических приборов требуется текстурированная пленка нитрида алюминия с минимальной разориентацией кристаллитов, присутствие же в ней кислорода ведет к аморфизации структуры и, следовательно, снижению пьезоактивности.

На рисунке 2.2 представлен полученный Оже-спектр.

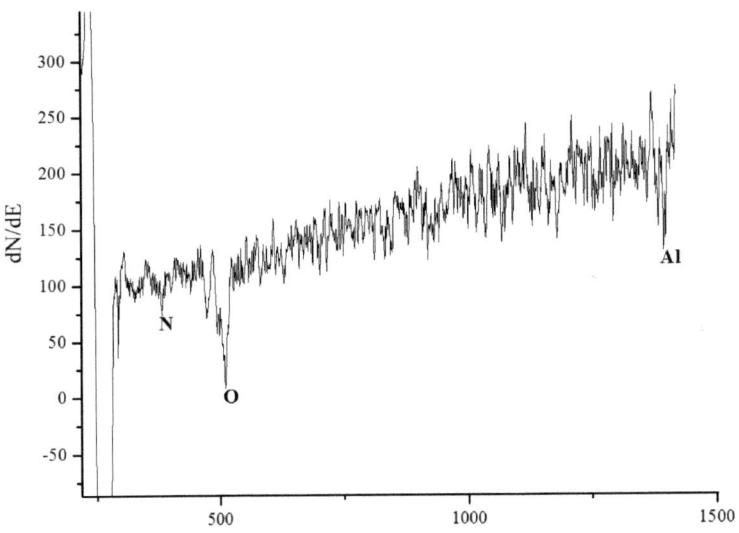

Рис. 2.2 – Оже-спектр пленки AlN.

На графике отчетливо виден пик, свидетельствующий о наличии кислорода в пленке. Для того чтобы убедиться в том, что именно кислород был причиной отсутствия пьезоактивности, рабочие газы, подаваемые в камеру установки для напыления были заменены на более чистые. После получения новых образцов они были протестированы эхо-импульсным методом и на этот раз показали наличие пьезоэлектрических свойств.

Для исследования структурного совершенства пленок AlN была применена сканирующая электронная микроскопия. На рисунках 2.3 [6], 2.4 [7] изображены примеры того, как должна выглядеть качественная пленка – видны отчетливые столбики кристаллитов нитрида алюминия, имеющие минимальную взаимную разориентацию.

Рис. 2.3 – ТЕМ снимки морфологии пленок AlN.

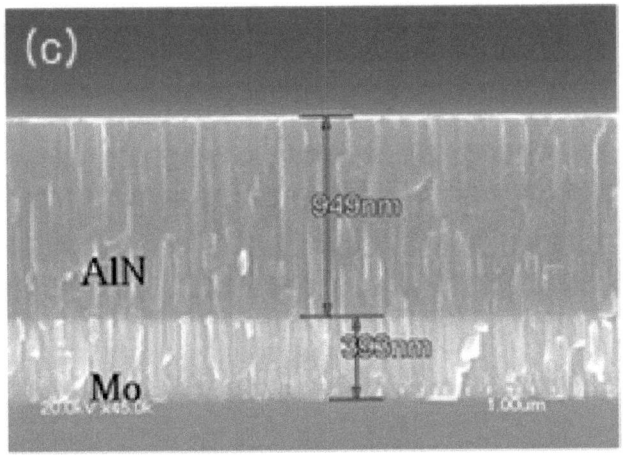

Рис. 2.4 – SEM снимок морфологии пленки AlN.

При выполнении данной работы с помощью сканирующей электронной микроскопии были получены следующие снимки морфологии поперечного сечения пленки AlN (Рис. 2.5а, б, в):

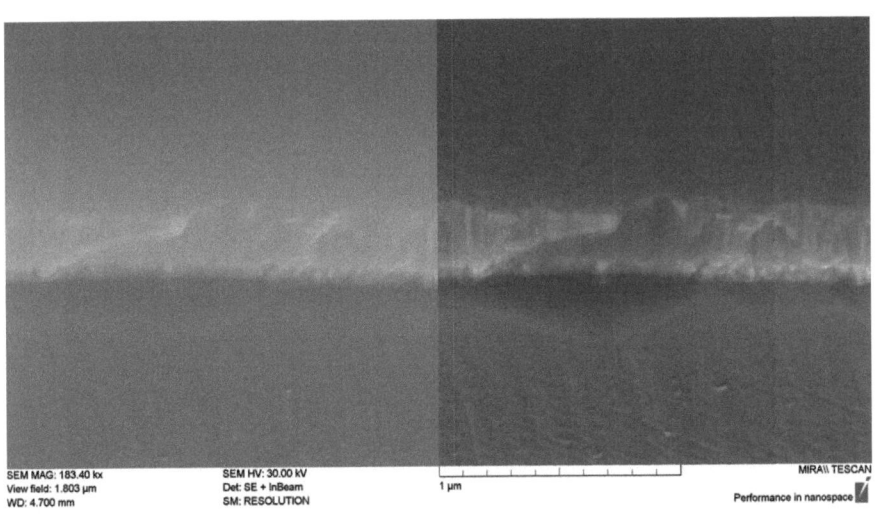

а)

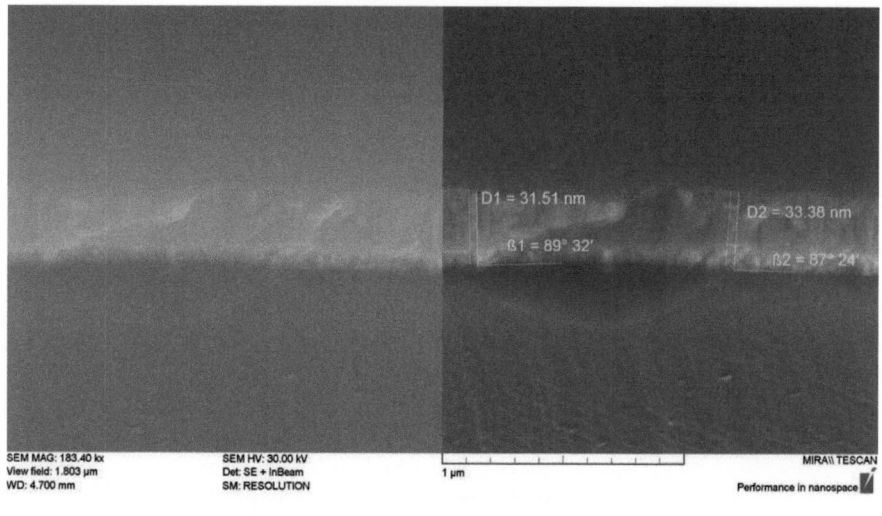

б)

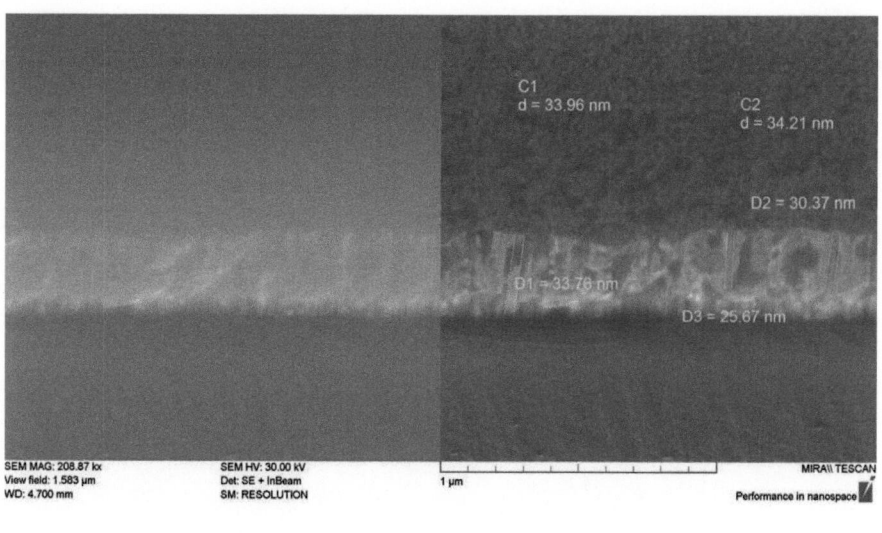

в)

Рис. 2.5 а, б, в – Полученные SEM снимки морфологии пленок AlN.

На рисунках видны отдельные столбики кристаллитов нитрида алюминия, их толщина составляет порядка 30 нм, взаимная разориентация – около 2°. Однако заметные на изображениях полости и неоднородности указывают на то,

16

что структурное совершенство пленок AlN подлежит дальнейшему улучшению. Стоит отметить, что в целом полученные результаты говорят о наличии в пленках поликристаллической текстурированной структуры, совпадают с результатами цитированных исследований и согласуются с ранее проведенными измерениями эхо-импульсным методом.

Также для оценки качества полученных образцов было проведено исследование морфологии поверхности пленок AlN с помощью атомно-силовой микроскопии. На рисунках 2.6 (кремниевая подложка) и 2.7 (Er:YAG подложка) представлены полученные результаты.

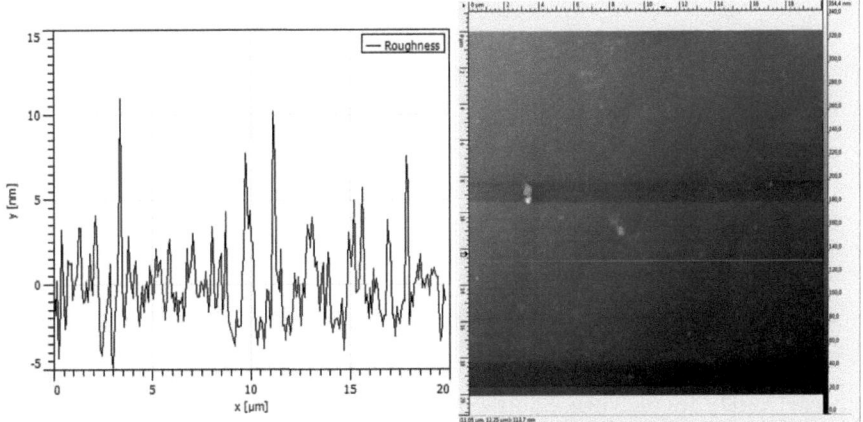

Рис. 2.6 – Результаты исследования шероховатости пленок на подложке Si методом АСМ.

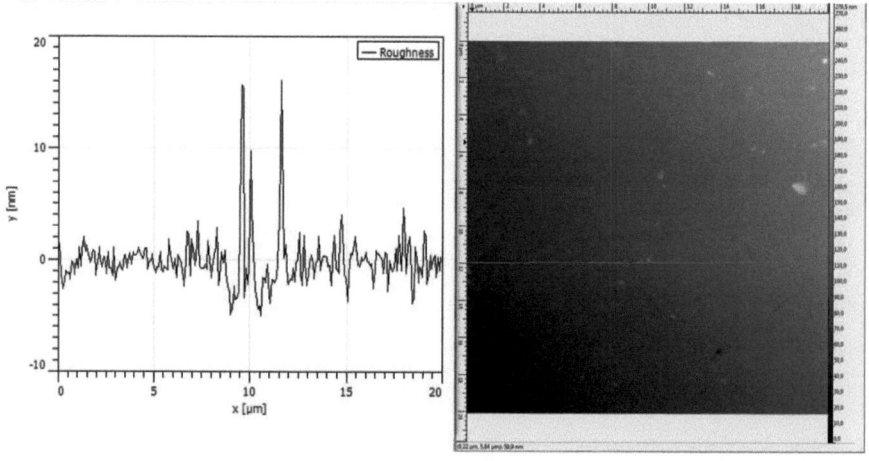

Рис. 2.7 - Результаты исследования шероховатости пленок на подложке Er:YAG методом ACM.

Согласно полученным данным, шероховатость поверхности образцов составила не более 20 нм, что может служить показателем высокой однородности пленок.

Для более подробного изучения структуры пленок нитрида алюминия было также проведено исследование образцов методом рентгеноструктурного анализа (XRD). На рисунке 2.6 изображена полученная рентгенограмма пленки нитрида алюминия на подложке из алюмо-иттриевого граната, легированного эрбием (Er:YAG).

Рис. 2.7 – Рентгенограмма пленки AlN на подложке Er:YAG.

Аналогичные снимки были также получены для образцов на кремниевой подложке. При этом для того чтобы идентифицировать, какие из рефлексов на изображении принадлежат монокристаллической подложке, а какие относятся к пленке, был предложен следующий метод проведения эксперимента. Так как пленка была нанесена на кремний из-под маски и занимала лишь часть его поверхности, то рентгеновский луч сначала наводился на поверхность подложки, не занятую пленкой. После получения снимка луч смещался ближе к поверхности пленки, проходя через переходной слой, пока не попал на область, полностью закрытую пленкой. Серия полученных снимков изображена на рисунках 2.8а, б, в, г.

а)

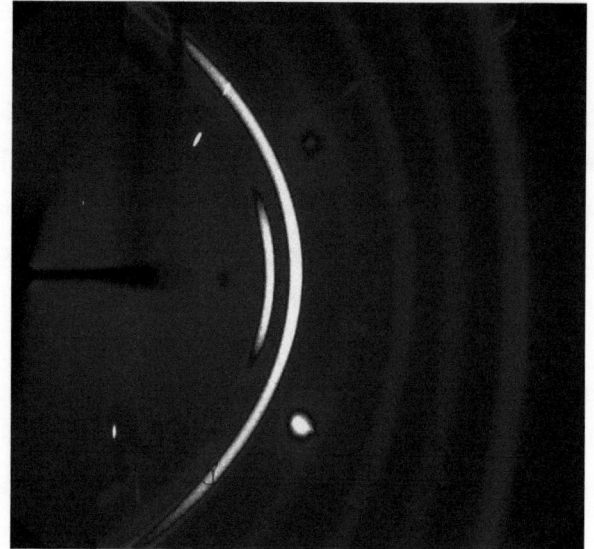

б)

20

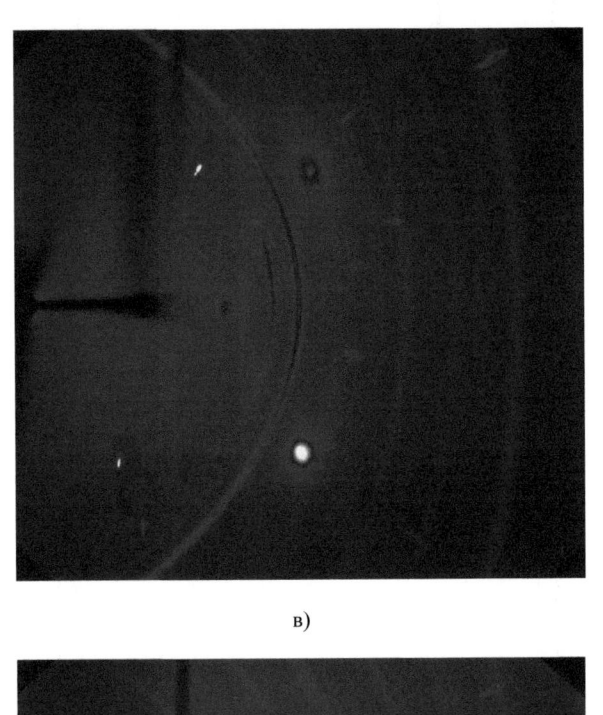

в)

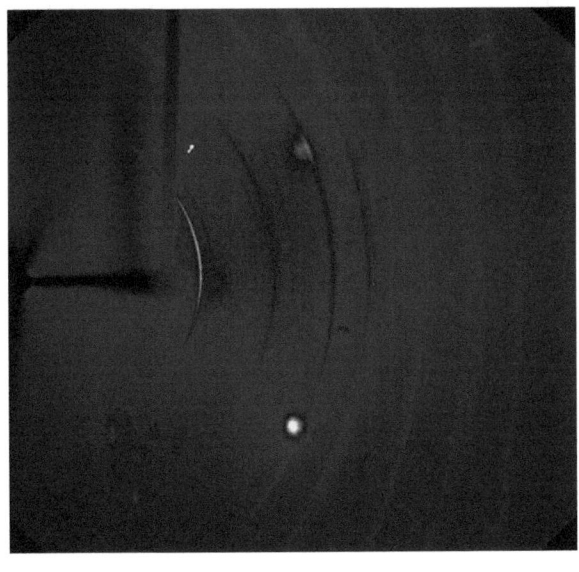

г)

Рис. 2.8 – Рентгенограммы, полученные при последовательном движении рентгеновского луча от поверхности кремния к поверхности пленки нитрида алюминия

На рисунках видно, что с удалением от поверхности подложки ближе к поверхности пленки, становится заметным уменьшение числа и интенсивности точечных рефлексов и некоторых сплошных колец, которые, по-видимому, относятся к материалу подложки. На последнем изображении видны появившиеся сплошные кольца, соответствующие материалу пленки. Данные кольца свидетельствуют о поликристалличности структуры пленки, однако тот факт, что они оказались сплошными, указывает на отсутствие в ней выраженной текстуры.

Дополнительно приводится спектр, полученный с того же образца пленки нитрида алюминия на кремнии - рисунок 2.10 - а также, для сравнения, аналогичный спектр, взятый из анализированной литературы (Рис.2.9) [7]

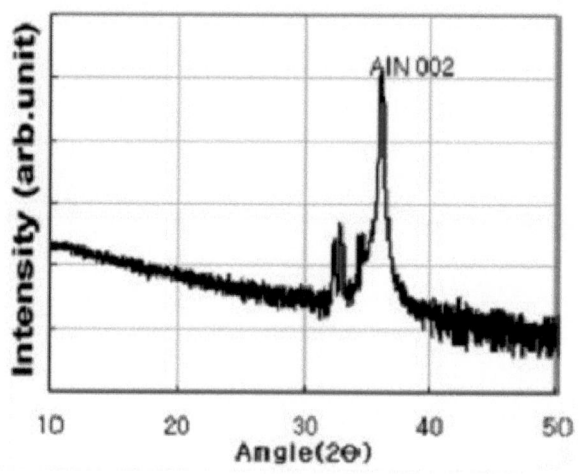

Рис. 2.9 – Образец рентгеновского спектра пленки нитрида алюминия.

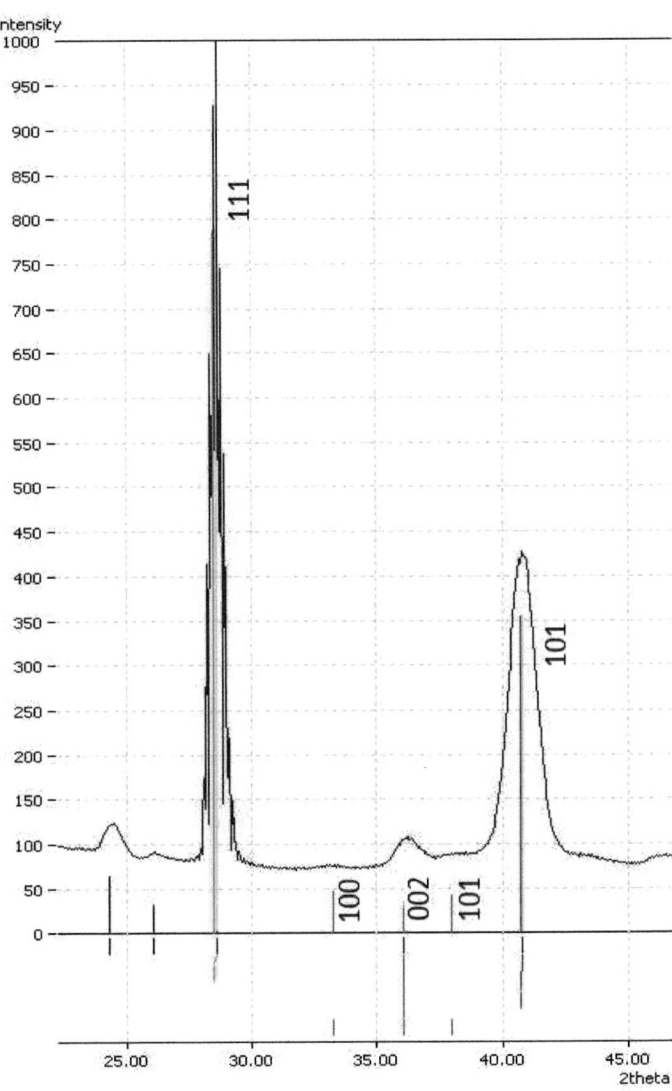

Рис. 2.10 – Полученный рентгеновский спектр пленки AlN.

На рисунке 2.10 виден пик (002), свидетельствующий ориентации кристаллитов нитрида алюминия вдоль направления, перпендикулярного подложке, в исследованном образце. Однако величина данного пика относительно остальных недостаточно велика, чтобы утверждать о наличии высокоориентированной текстуры в изученных образцах.

Исследование структуры методом дифракции электронов от поверхности образцов, выполненное аналогичным образом – сначала пучок электронов был наведен на поверхность подложки, не покрытую пленкой (Рис. 2.11), затем на поверхность пленки (Рис. 2.12) – также не выявил наличие текстуры в изученных пленках нитрида алюминия.

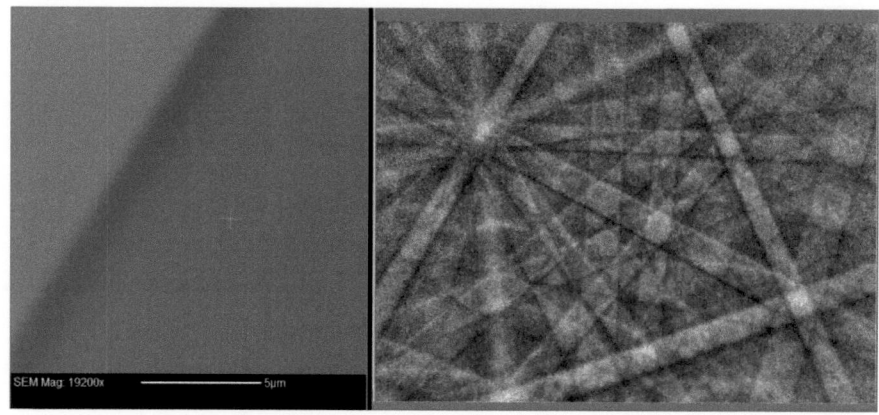

Рис. 2.11 – Снимки, полученные методом дифракции отраженных электронов с поверхности кремниевой подложки

Рис. 2.12 - Снимки, полученные методом дифракции отраженных электронов с поверхности пленок AlN

Суммируя результаты исследования структуры и свойств пленок нитрида алюминия можно сказать, что полученные пленки обладают высокими показателями пьезоактивности, что уже сейчас позволяет использовать их в качестве материала пьезопреобразователя для различных акустоэлектрических устройств. Исследование структуры и свойств пленок нитрида алюминия эхо-импульсным методом, сканирующей электронной микроскопией, а также атомно-силовой микроскопией показали, что полученные образцы пленок могут быть использованы для создания большого спектра акустоэлектрических приборов. При этом неоднозначные результаты рентгеноструктурного анализа и дифракции электронов свидетельствуют о необходимости проведения дальнейших работ по улучшению структурного совершенства пленок AlN.

ГЛАВА 3. РАСЧЕТ ПЬЕЗОПРЕОБРАЗОВАТЕЛЯ НА ОСНОВЕ НИТРИДА АЛЮМИНИЯ

3.1 Расчет электрического импеданса пьезопреобразователя

Для того чтобы качественно сконструировать электродинамическую систему для возбуждения гиперзвука, необходимо знать электрический импеданс пьезоэлектрического преобразователя и его зависимость от частоты.

Модель пьезоэлемента, для которой был проведен расчет, представлена на рисунке 3.1.

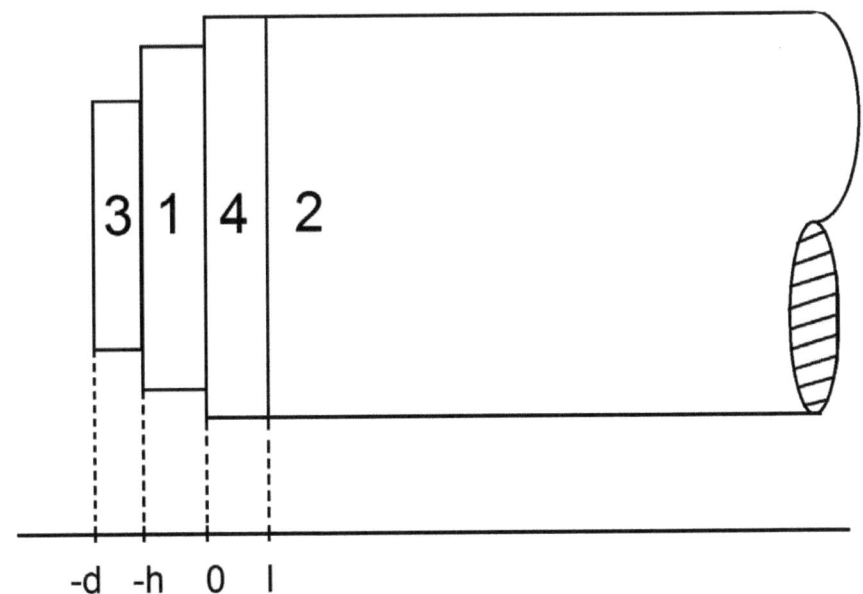

Рис. 3.1 – Схема последовательности слоев в исследованном преобразователе.

На торец звукопровода (среда 2) нанесен металлический подслой (среда 4), поверх него напылена пленка пьезоэлектрика (среда 1), за которой следует металлический надслой (среда 3).

Запишем уравнение движения

$$\frac{\partial T}{\partial x} = \rho \frac{\partial^2 U}{\partial t^2},$$ (3.1)

где T – тензор упругого напряжения, U – смещение,

ρ – плотность вещества,

t – время.

Обобщенный закон Гука с учетом пьезоэлектрического эффекта:

$$T = C\frac{\partial U}{\partial x} - eE,$$ (3.2)

где C – константа упругой жесткости,

E – напряженность электрического поля,

e - пьезоэлектрический модуль.

Вектор электрической индукции с учетом пьезоэлектрического эффекта:

$$D = e\frac{\partial U}{\partial x} + eE.$$ (3.3)

Условие отсутствия свободных зарядов:

$$div\overline{D} = 0.$$ (3.4)

Отсюда следует, что D не зависит от координаты.

Из уравнения (3.3) найдем напряженность электрического поля и подставим в уравнение (3.2):

$$E = \frac{D}{\varepsilon} - \frac{e}{\varepsilon}\frac{\partial U}{\partial x}.$$ (3.5)

Отсюда

$$T = C(1 + \frac{e}{\varepsilon C})\frac{\partial U}{\partial x} - \frac{e}{\varepsilon}D.$$ (3.6)

Введем обозначения:

$$k^2 = \frac{e^2}{\varepsilon C},$$ (3.7)

$$C^* = C(1 + \frac{e^2}{\varepsilon C}),$$ (3.8)

где k – величина, характеризующая эффективность пьезоэлектрического преобразователя, называется коэффициентом электромеханической связи.

Выражение (3.6) запишем в виде:

$$T = C^*\frac{\partial U}{\partial x} - \frac{e}{\varepsilon}D,$$ (3.9)

и подставим его в уравнение (3.1)

$$\rho\frac{\partial^2 U}{\partial t^2} = \frac{\partial}{\partial x}[C^*\frac{\partial U}{\partial x} - \frac{e}{\varepsilon}D],$$

так как задача одномерная в направлении x_3 , то $\frac{\partial D}{\partial x} = 0$, следовательно, получим

$$\rho\frac{\partial^2 U}{\partial t^2} = C^*\frac{\partial^2 U}{\partial x^2}.$$ (3.10)

Решением этого уравнения является волна вида:

$$U = e^{j\omega\tau}e^{-j\beta x}.$$

Подставляя данное решение в (3.10), получим:

$$\rho\omega^2 U = \beta^2 C^* U \,, \beta^2 = \rho \frac{\omega^2}{C^*}, \qquad (3.11)$$

откуда, учитывая, что постоянная распространения равна

$$\beta = \frac{\omega}{\upsilon_{36}},$$

получим

$$\upsilon_{36} = \sqrt{\frac{\rho}{C^*}}. \qquad (3.12)$$

Запишем решения волнового уравнения (3.10), а также, воспользовавшись выражением (3.9), компоненты тензоров упругих напряжений в соответствующих средах:

Среда I:

$$U_3^I = (Ae^{-j\beta_1 x_3} + Be^{j\beta_1 x_3})e^{j\omega t}, \qquad (3.13)$$

$$T_{33}^I = (-j\beta_1 C_1 A e^{-j\beta_1 x_3} + j\beta_1 C_1 B e^{j\beta_1 x_3} - \frac{e_{333}}{\varepsilon_{33}} D_0)e^{j\omega t}. \qquad (3.14)$$

Среда II:

$$U_3^{II} = Ce^{-j\beta_2 x_3} e^{j\omega t}, \qquad (3.15)$$

$$T_{33}^{II} = -j\beta_2 C_2 C e^{-j\beta_2 x_3} e^{j\omega t}. \qquad (3.16)$$

Среда III:

$$U_3^{III} = (Me^{-j\beta_3 x_3} + Ne^{j\beta_3 x_3})e^{j\omega t}, \qquad (3.17)$$

$$T_{33}^{III} = (-j\beta_3 C_3 M e^{-j\beta_3 x_3} + j\beta_3 C_3 N e^{j\beta_3 x_3})e^{j\omega t}. \qquad (3.18)$$

Среда IV:

$$U_3^{IV} = (Fe^{-j\beta_4 x_3} + Pe^{j\beta_4 x_3})e^{j\omega t}, \qquad (3.19)$$

$$T_{33}^{IV} = (-j\beta_4 C_4 M e^{-j\beta_4 x_3} + j\beta_4 C_4 P e^{j\beta_4 x_3})e^{j\omega t}, \qquad (3.20)$$

где $\beta_i = \omega\sqrt{\dfrac{\rho_i}{C_i}}$, $C_i = C^*(1+k^2)$, $C_2 = C_{333}^{II}$, $C_3 = C_{333}^{III}$,

ρ_1; ρ_2;ρ_3; ρ_4 – плотности веществ для соответствующих сред.

Импеданс преобразователя определяем как отношение разности потенциалов на торцевых гранях преобразователя к току, протекающему во внешней цепи:

$$Z = \frac{U}{I} = \frac{\displaystyle\int_0^{-h} Edx}{\dfrac{\partial D}{\partial t}} = \frac{\displaystyle\int_0^{-h} Edx}{j\omega DS}, \tag{3.21}$$

где S – площадь преобразователя,

D – индукция электрического поля.

Поле E в формуле (3.21) – это поле, которое сопровождает акустическую волну в пьезоэлектрике, а так как скорость распространения акустической волны на пять порядков меньше скорости распространения электромагнитной волны, то процесс распространения акустической волны можно считать застывшим по сравнению с процессами распространения электромагнитной волны и использовать для нахождения разности потенциалов на торцах преобразователя известную формулу квазистатики:

$$V = \varphi(-h) - \varphi(o) = -\int_0^{-h} Edx = \frac{Dh}{\varepsilon_{33}} + \frac{e_{333}}{\varepsilon_{33}}[A(e^{j\beta_1 h} - 1) + Be^{-j\beta_1 h})]. \tag{3.22}$$

Импеданс преобразователя будем искать по формуле (3.21) с учетом (3.22).

Для нахождения амплитуд A и B воспользуемся следующими граничными условиями:

$$T_{33}^{III}(-d) = 0, \quad x_3 = -d, \tag{3.23}$$

$$U_3^I(-h) = U_3^{II}(-h), \quad x_3 = -h, \tag{3.24}$$

$$T_{33}^I(-h) = T_{33}^{III}(-h), \quad x_3 = -h, \tag{3.25}$$

$$U_3^I(0) = U_3^{IV}(0), \quad x_3 = 0, \tag{3.26}$$

$$T_{33}^{I}(0) = T_{33}^{IV}(l), \quad x_3 = 0, \qquad (3.27)$$

$$U_{3}^{II}(l) = U_{3}^{IV}(l), \quad x_3 = l, \qquad (3.28)$$

$$T_{33}^{II}(l) = T_{33}^{IV}(l), \quad x_3 = l. \qquad (3.29)$$

Используя уравнения (3.13 – 3.29), после соответствующих преобразований можно получить следующие выражения для действительной (R) и мнимой (X) частей импеданса преобразователя:

$$R = \frac{4k^2 \dfrac{Z_1}{Z_2} \sin^2 \dfrac{\beta_1 h}{2} (\sin \dfrac{\beta_1 h}{2} \cos \beta_3 n + \dfrac{Z_2}{Z_1} \cos \dfrac{\beta_1 h}{2} \sin \beta_3 n)^2}{\omega_0 C_0 \beta_1 h [N^2 + (\dfrac{Z_1}{Z_2})^2 M^2]}, \quad (3.30)$$

$$X = \frac{1}{\omega C_0} + \frac{k^2 \dfrac{Z_1 Z_4}{Z_2^2} [1 - (\dfrac{Z_2}{Z_1})^2] \sin \beta_4 l \cos \beta_4 l (PD + Q \cos \beta_3 n \sin \beta_1 h)}{\omega_0 C_0 \beta_1 h [N^2 + (\dfrac{Z_1}{Z_2})^2 M^2]} +$$

$$\frac{k^2 (\dfrac{Z_1}{Z_2})^2 \{[\sin^2 \beta_4 l + (\dfrac{Z_2}{Z_4})^2 \cos \beta_4 l][D(\dfrac{Z_4}{Z_1})^2 \cos \beta_3 n \sin \beta_1 h - PQ] + PQ[1 + (\dfrac{Z_2}{Z_4})^2]\}}{\omega_0 C_0 \beta_1 h [N^2 + (\dfrac{Z_1}{Z_2})^2 M^2]},$$

$$(3.31)$$

где $C = \dfrac{\varepsilon S}{h}$ - емкость пьезоэлектрического преобразователя,

Z_1; Z_2; Z_3; Z_4 – акустические волновые сопротивления соответственно пьезоэлектрика, звукопровода, надслоя и подслоя.

В формулах (3.30) и (3.31) введены следующие обозначения:

$$M = \frac{Z_4}{Z_1} A \sin \beta_4 l + B \sin \beta_4 l$$

$$N = A \cos \beta_4 l - \frac{Z_1}{Z_4} B \sin \beta_4 l,$$

$$A = \cos\beta_1 h \cos\beta_3 N - \frac{Z_3}{Z_1}\sin\beta_1 h \sin\beta_4 n,$$

$$B = \sin\beta_1 h \cos\beta_3 N + \frac{Z_3}{Z_1}\cos\beta_1 h \sin\beta_3 n,$$

$$P = 4\cos\beta_3 n \sin^2\frac{\beta_1 h}{2} + \frac{Z_3}{Z_1}\sin\beta_3 n \sin\beta_1 h,$$

$$D = \cos\beta_3 n \cos\beta_1 h - \frac{Z_3}{Z_1}\sin\beta_3 n \sin\beta_1 h,$$

$$Q = \cos\beta_3 n \sin\beta_1 h + \frac{Z_3}{Z_1}\sin\beta_3 n \sin\beta_1 h.$$

Полученные формулы, а также данные, приведенные в таблице 3.1 [10], позволили построить частотные характеристики действительной и мнимой частей импеданса пьезоэлемента в диапазоне 8,4 – 9,4 ГГц, соответствующем 3-сантиметровой области длин волн: В качестве материала пьезоэлектрической пленки был использован нитрид алюминия с заданной толщиной 400 нм, в качестве материала надслоя (0 нм) и подслоя (100 нм) был использован молибден, в качестве материала звукопровода был использован алюмо-иттриевый гранат, легированный эрбием. Полученные характеристики приведены на Рис. 3.1 и 3.2.

	Mo	AlN	Er:YAG
Плотность, кг/м^3	1028	3,26	4560
Скорость звука, м/с	6250	10980	7,4
Диэлектрическая проницаемость (при 1 МГц)	-	9	11,7

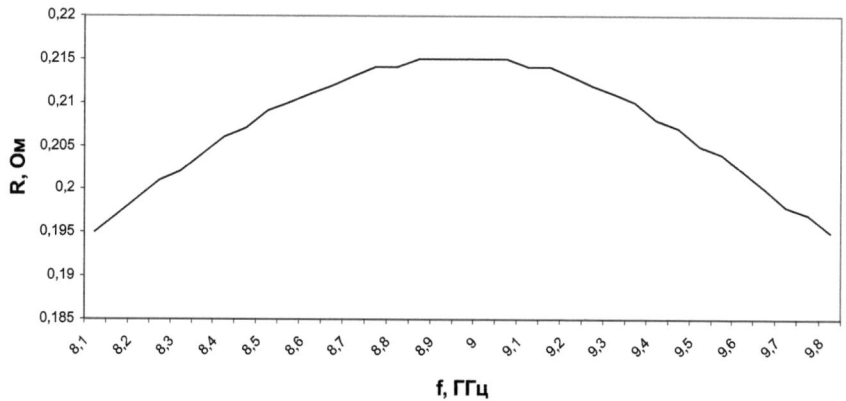

Рис. 3.1 – Частотная зависимость действительной части импеданса

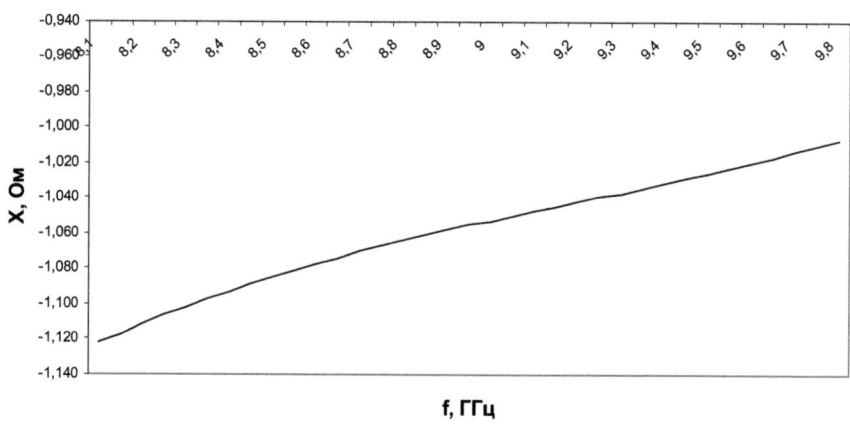

Рис. 3.2 – Частотная зависимость мнимой части импеданса.

Из расчетов видно, что величина модуля импеданса акустоэлектрического преобразователя на основе нитрида алюминия составляет примерно 1 Ом. Для эффективного работы такого преобразователя требуется согласовать его со стандартной передающей линией, имеющей импеданс 50 Ом.

3.2 Расчет согласования пьезопреобразователя на AlN с 50-Омной линией.

Рассмотрим вариант согласования комплексного сопротивления Z с помощью реактивностей L и C. На рисунке 3.3 [9] изображена диаграмма, связывающая активную (R) и реактивную (X) составляющие комплексного сопротивления Z = R + jX. Сопротивления, обозначенные на рисунке звездочкой, показывают такое же изменение сопротивления в другом квадранте комплексной плоскости сопротивлений.

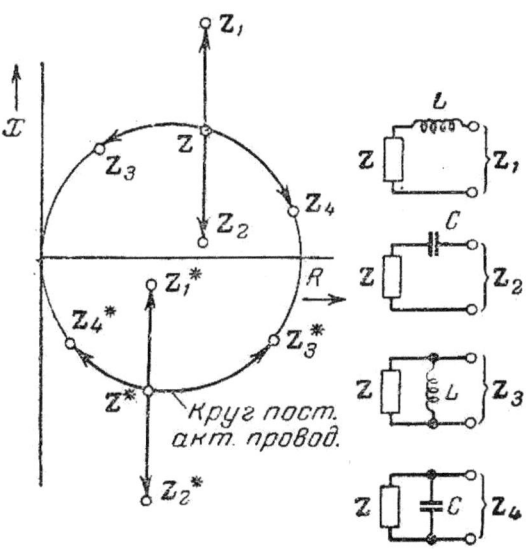

Рис. 3.3 – Диаграмма, связывающая действительную и мнимую части импеданса.

Подключение к нагрузке последовательной индуктивности L перемещает Z на комплексной плоскости вертикально вверх, а подключение последовательной емкости C перемещает Z вертикально вниз, причем отрезки ZZ_1 и ZZ_2 соответственно равны реактивным сопротивлениям ωL и $1/\omega C$. При подключении параллельных реактивностей перемещения Z происходят по

35

окружностям постоянной активной проводимости по часовой стрелке для емкости (дуга ZZ_4) и против часовой для индуктивности (дуга ZZ_3).

Получается, что путем последовательного или параллельного включения различных реактивностей к исходному сопротивлению, можно получить схему трансформации без потерь, позволяющую согласовать электроакустический преобразователь с комплексным сопротивлением и передающую линию, имеющую сопротивление 50 Ом.

Видно, что в общем случае с помощью двух реактивных элементов можно согласовать комплексную нагрузку со стандартной передающей линией на фиксированной частоте. Для согласования в некоторой конечной полосе частот необходимо два Г-образных звена из реактивных элементов. Поэтому для расчета согласования пьезоэлемента с передающей линией в диапазоне частот 8,4 – 9,4 ГГц была выбрана цепь, состоящая из двух последовательно и двух параллельно включенных относительно нагрузки реактивных элементов (Рис. 3.4).

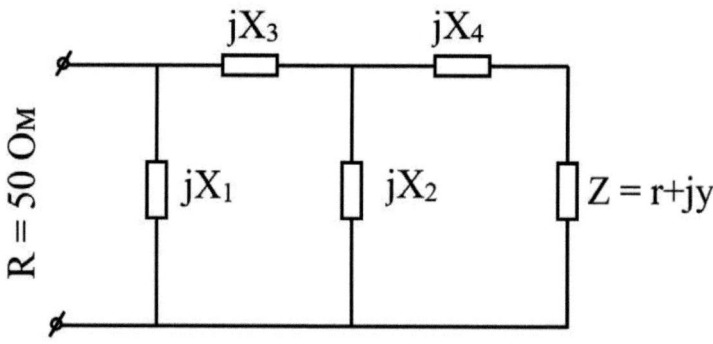

Рис. 3.4 – Схема четырехполюсника для согласования нагрузки

Найдем выражение для полного сопротивления данной цепи:

$T_1 = r + jy + jX_4$ - сопротивление участка цепи, содержащего Z и jX_4,

$T_2 = \dfrac{jX_2(jX_4 + r + jy)}{jX_2 + jX_4 + r + jy}$ - сопротивление участка цепи, содержащего Z,

36

jX_4 и jX_2,

$$T_3 = jX_3 + \frac{jX_2(jX_4 + r + jy)}{jX_2 + jX_4 + r + jy}$$ - сопротивление участка цепи, содержащего

Z, jX_4, jX_2 и jX_3.

Сопротивление всей цепи:

$$T = \frac{-jX_1X_2X_3 - jX_1X_3X_4 - X_1X_3r - jX_1X_3y - jX_1X_2X_4 - X_1X_2r - jX_1X_2y}{-X_1X_2 - X_1X_4 + jX_1r - X_1y - X_2X_3 - X_3X_4 + jX_3r - X_3y - X_2X_4 + jX_2r - X_2y}$$

Приравняем полученное выражение к 50 Ом и выделим из выражения действительную и мнимую части:

$$-jX_1X_2X_3 - jX_1X_3X_4 - jX_1X_3y - jX_1X_2X_4 - jX_1X_2y = 50(jX_1r + jX_3r + jX_2r);$$
$$-X_1X_3r - X_1X_2r = -50(X_1X_2 + X_1X_4 + X_1y + X_2X_3 + X_3X_4 + X_3y + X_2X_4 + X_2y)$$

$$(3.32)$$

Для расчета в качестве реактивных элементов, подключаемых к нагрузке, были взяты две параллельные индуктивности, соответствующие $jX_1 = \omega L_1$ и $jX_2 = \omega L_2$. Элементам $jX_3 = 1/\omega C$ и $jX_4 = \omega L_4$ соответствуют последовательные емкость и индуктивность. За r_1, y_1 и r_2, y_2 соответственно обозначим ранее найденные величины активной и реактивной составляющих импеданса преобразователя на частотах 8,4 ГГц и 9,4 ГГц. Вид данной схемы представлен на рисунке 3.5. Отметим, однако, что данная схема не является единственно приемлемой для решения задачи согласования преобразователя с передающей линией. Набор реактивностей, а также их взаимное расположение, могут варьироваться, приводя при этом к аналогичным результатам.

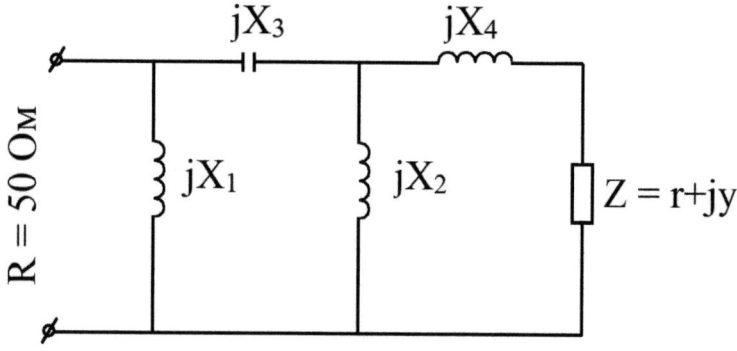

Рис. 3.5 – Схема четырехполюсника, состоящего из трех индуктивностей и одной емкости для согласования нагрузки

Далее запишем уравнения (3.32) для частот 8,4 ГГц и 9,4 ГГц с учетом введенных обозначений. С помощью пакета программ Mathcad было проведено решение данной системы уравнений и получены следующие величины реактивных сопротивлений:

$$L_1 = 0,1016 \text{ нГн},$$
$$L_2 = 0,006693 \text{ нГн},$$
$$C = 3,023 \text{ пФ},$$
$$L_4 = 0,0121 \text{ нГн}.$$

С учетом данных величин были получены частотные характеристики КСВН и коэффициента электроакустического преобразования для исследованного пьезопреобразователя на основе нитрида алюминия, соответственно изображенные на рисунках 3.6 и 3.7:

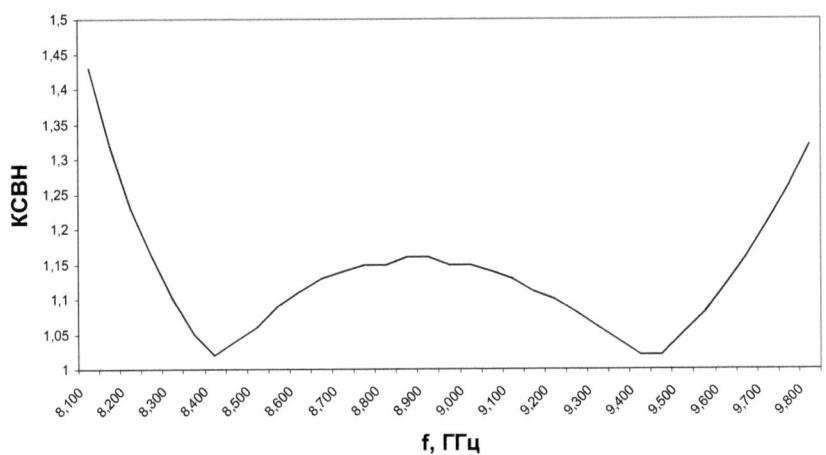

Рис. 3.6 – Частотная характеристика КСВН пьезопреобразователя

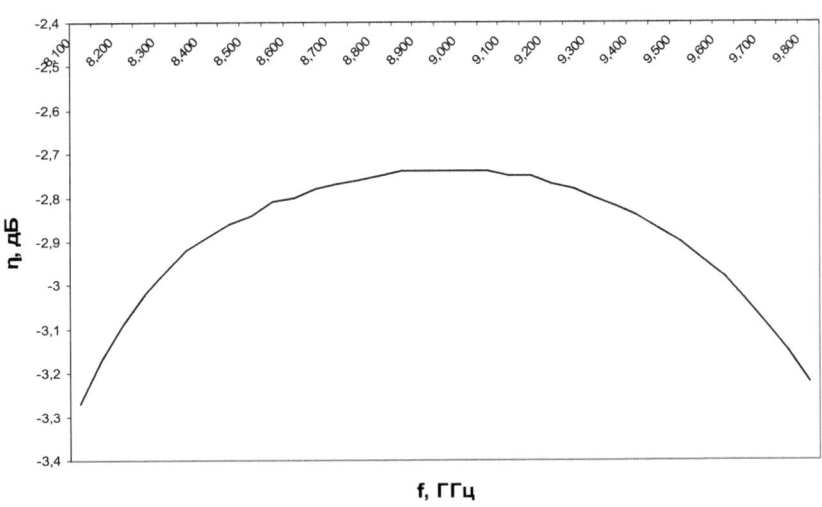

Рис. 3.7 – Частотная характеристика коэффициента электроакустического
преобразования пьезопреобразователя

Значение КСВН, близкое к единице в рабочем диапазоне частот, подтверждает, что каскад из четырех реактивных сопротивлений способен обеспечить согласование низкоомной нагрузки в виде акустоэлектрического преобразователя с передающей линией с сопротивлением в 50 Ом. Это также подтверждает величина коэффициента электроакустического преобразования, не превышающая значения -3 дБ в диапазоне частот 8,4 ГГц – 9,4 ГГц.

ГЛАВА 4. ПРИМЕНЕНИЕ ПЛЕНОК НИТРИДА АЛЮМИНИЯ ДЛЯ СОЗДАНИЯ АКУСТОЭЛЕКТРОННОГО ПРЕОБРАЗОВАТЕЛЯ В 8 ММ ДИАПАЗОНЕ ДЛИН ВОЛН.

Пьезоэлекрические пленки нитрида алюминия могут быть использованы для создания акустоэлектронных устройств, способных работать в 8-миллиметровом диапазоне длин волн (~ 37 ГГц). Имея более высокую скорость объемной акустической волны, чем обычно используемые ZnO и CdS, нитрид алюминия может обеспечить работу устройства на более высокой частоте при большей толщине пьезослоя, чем при использовании аналогичных материалов. В рамках данной работы был выполнен расчет параметров многоэлементного пьезопреобразователя (МЭПП) на объемных акустических волнах (ОАВ).

Для создания эффективного многоэлементного преобразователя на ОАВ необходимо решить целый ряд задач: нужно найти импеданс элементарного преобразователя, при этом учитывая все слои акустической нагрузки пьезоэлектрика, определить количество используемых элементарных преобразователей, а также порядок их подключения к СВЧ тракту и взаимное расположение относительно друг друга [10-15]. В случае, когда преобразователь является непосредственной нагрузкой СВЧ усилителя, необходимо также знать КСВН преобразователя. При этом при моделировании МЭПП, работающего в восьмимиллиметровом диапазоне длин волн, требуется учитывать толщину всех слоев преобразователя и акустические потери в каждом из них, а не только в акустической нагрузке [10-15]. Помимо этого существует ряд технологических и физических проблем, осложняющих задачу создания такого преобразователя. Технологические связаны с малой толщиной слоев пьезоплёнок (до 100 нм), физические же проблемы связаны с необходимостью согласования импеданса СВЧ тракта (50 Ом) с комплексным импедансом МЭПП. Причем сопротивление излучения (действительная часть полного импеданса преобразователя) снижается с уменьшением толщины пьезоплёнки.

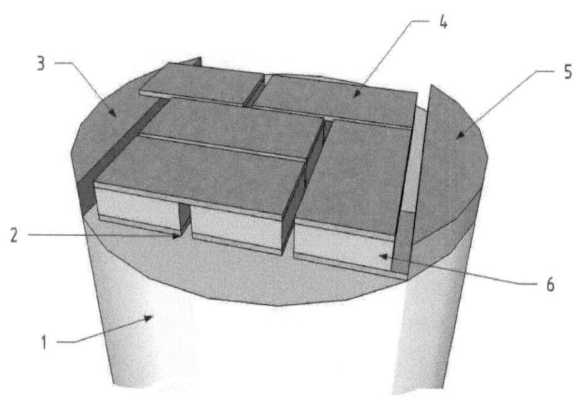

Рис. 4.1 – Внешний вид МЭПП, где 1 – звукопровод; 2 – нижний электрод; 3,5 – контактные площадки; 4 – верхний электрод; 6 – слой пьезоэлектрика.

Вследствие реактивного характера нагрузки усилителя возможно возникновение резонансных явлений в системе «усилитель – тракт – пьезопреобразователь», что, в свою очередь, может приводить к изрезанности частотной характеристики такой системы и даже к ее самовозбуждению. Для устранения подобных эффектов необходимо использовать согласующие элементы. Для этого, как было показано выше, можно использовать каскад из реактивных сопротивлений, либо металлические проводники, которые соединяют электрически элементы МЭПП. Эти планарные проводящие элементы МЭПП обладают сопротивлением порядка 1 Ом, изменяя ширину и толщину пленок металла можно получить требуемую величину их омического сопротивления. Преимуществом такого способа изменения импеданса по сравнению с резистивными элементами, установленными во внешней цепи,

42

является меньшая реактивная составляющая импеданса. При этом не требуются дополнительные технологические процессы по формированию внешних резистивных элементов. Этот способ приводит к уменьшению эффективности возбуждения, но повышает устойчивость системы к возбуждению и значительно сглаживает АЧХ.

Наряду с электрическим согласованием используют также и акустическое согласование [16]. Однако здесь присутствует проблема выбора из конечного набора акустических импедансов материалов, используемых при изготовлении трансформатора акустических импедансов, и технологической осуществимостью изготовления нескольких слоев. [16].

Применение всех описанных выше способов согласования позволяет существенно увеличить эффективность преобразования. Стоит отметить, что необходимо проводить расчет не отдельного пьезопреобразователя, а системы «электрическое согласующее устройство – пьезопреобразователь – акустическое согласующее устройство». При этом задача согласования МЭПП сводится не к обеспечению равенства комплексно сопряженных импедансов, а к поиску параметров акустического и электрического согласующих устройств (толщин слоев, их акустического импеданса в акустическом трансформаторе импеданса и величины активной и реактивной частей электрического импеданса согласующего устройства), при которых АЧХ преобразователя имеет частотную характеристику с допустимой изрезанностью в пределах рабочей полосы частот и минимальные потери полезного сигнала.

Описанные выше математические модели позволили в данной работе исследовать конструкцию МЭПП 8-миллиметрового диапазона длин волн. Реализованный алгоритм расчета параметров системы «МЭПП – звукопровод», не имеет ограничений по количеству используемых промежуточных согласующих пленочных слоев и учитывает акустические потери в каждом слое преобразователя, а также дифракционные потери и потери акустической мощности на рабочей поверхности звукопровода, возникающие из-за ее шероховатости. Для расчета потерь сигнала при распространении акустических волн в звукопроводе рассмотрим следующую математическую модель, позволяющую вычислять амплитуду дифрагированного акустического поля от многих источников в плоскости приемного преобразователя.

Несмотря на то, что различные методы расчета дифракционных акустических полей конечного по апертуре источника излучения известны давно [17-26], их численная реализация и по сей день представляет значительные трудности даже в изотропном случае. Это связано со следующим обстоятельством: в соответствии с принципом Гюйгенса амплитуда дифрагированного акустического поля $U^{(1)}$ в точках (x_1, y_1) области приема D_1, *вычисляется как двойной* интеграл по области источников D_0:

$$U^{(1)}(x_1, y_1) = \iint\limits_{D_0} A_0(x_0, y_0) G(x_1 - x_0, y_1 - y_0)\, dx_0 dy_0 \ ,$$

где $A_0\ (x_0, y_0)$ – функция распределения источников в области D_0,

$$G(x_1 - x_0, y_1 - y_0) = \frac{ikR - 1}{R^2} \cdot e^{ikR} \ -$$ функция Грина для акустического

смещения продольной волны,

$$R = \sqrt{(x_1 - x_0)^2 + (y_1 - y_0)^2 + L_a^2} \ ,$$

L_a - длина звукопровода,

$k = \omega / v_a$ - волновое число для ОАВ в направлении от точки (x_0, y_0) к точке (x_1, y_1),

v_a - скорость продольной ОАВ, которая меняется в связи с анизотропией среды с изменением направления.

При этом шаги интегрирования (dx_0, dy_0) должны быть меньше длины волны в 7-10 раз. В связи с этим время вычисления амплитуды акустического поля в одной точке плоскости приема растет квадратично с увеличением частоты. Учитывая, что число таких точек также растет квадратично, общее время расчета акустического поля в области приема растет как четвертая степень частоты. Поэтому точное решение дифракционной задачи даже на современных персональных компьютерах требует многих часов, вследствие малости длины акустической волны в СВЧ диапазоне по сравнению с размерами преобразователей.

В данной работе был использован алгоритм вычисления дифракционных интегралов, учитывающий анизотропию фазовой скорости продольных акустических волн за счет строгого решения уравнения Кристоффеля в кристаллах произвольной сингонии. Этот алгоритм позволяет получить решения задачи о дифракции гиперзвуковых пучков в АЛЗ с многоэлементными преобразователями с достаточно высокой скоростью и точностью. Для ускорения вычислений была использована аппроксимация скорости продольной ОАВ полиномом четвертой степени по углу отклонения волнового вектора от акустической оси θ и азимутальному углу φ, дающая относительную погрешность вычисления скорости не более 10^{-5} в интервале углов θ от 0 до $10°$ и азимутальных углов φ от 0 до $120°$.

Строго говоря, в анизотропном кристалле нужно учитывать также и отклонение потока акустической энергии от направления волнового вектора. Этот эффект может привести к смещению акустического пучка относительно приёмного преобразователя и, соответственно, к увеличению потерь сигнала. В таком случае для каждого направления (φ, θ) нужно вычислять отклонения сферических углов $\Delta\varphi$ и $\Delta\theta$ и соответствующие смещения по координатам $\Delta x(\varphi+\Delta\varphi, \theta+\Delta\theta)$ и $\Delta y(\varphi+\Delta\varphi, \theta+\Delta\theta)$. Тогда получим:

$$U^{(1)}\left[x_1 + \Delta x, y_1 + \Delta y\right] = \iint\limits_{D_0} A_0(x_0, y_0) G(x_1 - x_0, y_1 - y_0) dx_0 dy_0.$$

Однако вычисление акустического поля по данной формуле увеличивает время расчета примерно в 5-10 раз, поэтому при небольших отклонениях направления волнового вектора объемных акустических волн от акустической оси можно без существенной потери точности пренебречь этим эффектом. В ниже приведенных расчетах рассматривались направления ОАВ вблизи кристаллографической оси Z (оси симметрии третьего порядка C_3) кристалла сапфира (Al_2O_3), являющейся акустической осью. В связи с тем, что отклонения акустических волн были настолько малы, что смещения $\Delta x,$ $\Delta y < \lambda/10$, отклонение потоков при расчете не учитывалось.

Алгоритм расчета акустического поля входного МЭПП в плоскости выходного МЭПП основан на суммировании, в соответствии с принципом Гюйгенса, в одной точке области приема D_1 волн от элементарных источников, на которые разбивается область излучения D_0 (см. Рис. 4.2):

$$U^{(1)}(i_1, j_1) = \sum_{i_0=1}^{N_0} \sum_{j_0=1}^{N_0} A_0(i_0, j_0) G(i_1 \Delta x_1 - i_0 \Delta x_0, j_1 \Delta y_1 - j_0 \Delta y_0) \ ,$$

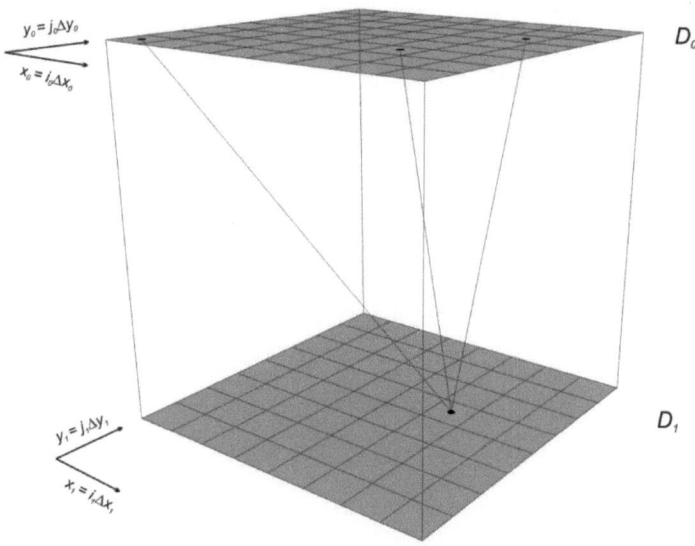

Рис. 4.2 — К расчёту дифракционного поля МЭПП.

При расчете дифрагированного поля от отдельного преобразователя функция распределения источников A_0 берется равной единице для каждого элементарного источника. При расчете же поля от многоэлементного преобразователя при задании A_0 учитываются также фазовые сдвиги между отдельными преобразователями. Например, в последовательно соединенных преобразователях фазовый сдвиг близок к 180°, поэтому амплитуды элементарных источников отличаются знаком.

Экономичность данного алгоритма по сравнению с использованием стандартных программ интегрирования заключается в ограничении снизу шагов интегрирования по координатам источников физически оправданной величиной порядка 1/10 длины волны ОАВ.

Потери сигнала в акустической линии задержки с многоэлементными преобразователями, возникающие за счет дифракции (расхождения) акустического пучка, определяются по формуле:

$$A_d(f) = -10\lg\left(\frac{P_1}{P_0}\right) = -20\lg\left(\frac{\left\langle U^{(1)}\right\rangle}{U^{(0)}}\right),$$

где P_0 – поток энергии акустических волн, возбужденный входным преобразователем,

P_1 - поток энергии акустических волн, достигший выходного преобразователя,

$U^{(0)}$ – амплитуда смещения акустической волны в плоскости излучения,

$<U^{(1)}>$ - средняя по поверхности преобразователя амплитуда смещения акустической волны в плоскости приема, определяемая по формуле:

$$\left\langle U^{(1)}\right\rangle = \sum_{n=1}^{N}\left\{\frac{1}{S_{tr}^{(n)}}\sum_{k=1}^{N_0}\sum_{m=1}^{N_0}U_{n,km}^{(1)}\Delta S_{km}\right\},$$

где N – количество преобразователей в области приема D_1,

$S_{tr}^{(n)}$ – площадь n-го элементарного преобразователя,

ΔS_{km} – площадь малого элемента преобразователя с центром в точке (x_k, y_m), соответствующая элементарному источнику,

N_0 – число разбиений области входного преобразователя D_0,

$U_{n,km}^{(1)}$ – амплитуда дифракционного поля в точке (x_k, y_m) n-го преобразователя.

На рисунке 4.3 изображено распределение амплитуды дифракционного поля на 8 элементарных преобразователях приемного преобразователя АЛЗ на частоте 37 ГГц.

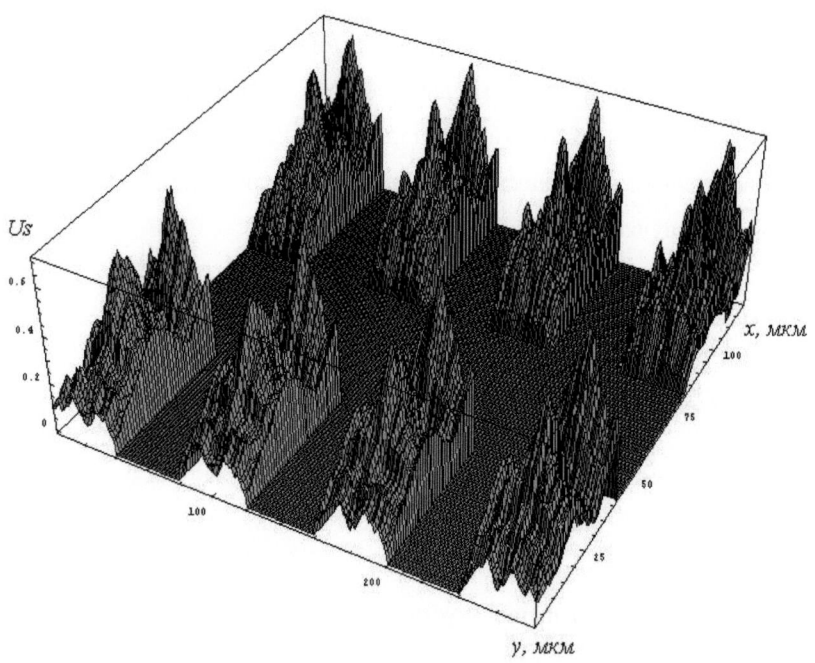

Рис. 4.3 – Распределение дифракционного поля на приемном МЭПП, f = 37 ГГц

С целью исследования процессов возбуждения и распространения акустических волн в пьезоэлементах на основе пленок нитрида алюминия в 8-миллиметровом диапазоне длин волн, а также для измерения основных параметров акустических линий задержки (АЛЗ), была использована эхоимпульсная установка, схема которой представлена на рисунке 4.4. Источником зондирующего сигнала являлся маломощный импульсный магнетрон (М), на катод которого от модулятора (Мод) подавались отрицательные прямоугольные импульсы питания длительностью 0,2 мкс. Радиоимпульсы мощностью порядка 1 Вт подавались на вход 1 ферритового циркулятора (ФЦ), а затем с выхода 2 на исследуемый электроакустический пьезопреобразователь. После этого отраженная мощность и задержанные эхо-импульсы из выхода 3 ферритового циркулятора поступали через два последовательно включенных поляризационных аттенюатора Атт на вход малошумящей лампы бегущей волны (ЛБВ) типа УВ-81.

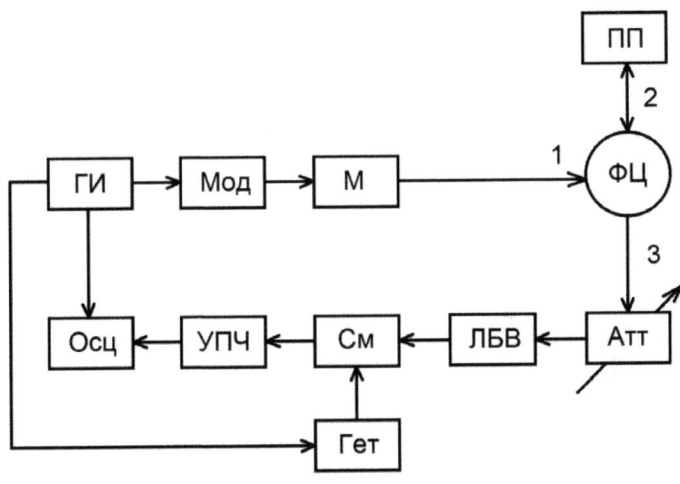

Рис. 4.4 - Блок-схема измерительной установки для исследования процессов возбуждения и распространения упругих волн в кристаллах в диапазоне 36 ГГц

Данная ЛБВ одновременно усиливала эхо-импульсы от исследуемого преобразователя и, выступая в качестве ограничителя мощности, предохраняла приемник от насыщения относительно мощными отраженными зондирующими СВЧ импульсами. Приемник состоял из смесителя (См), гетеродина (Гет), усилителя промежуточной частоты (УПЧ) и осциллографа (Осц).

Синхронизировал работу модулятора, осциллографа и гетеродина генератор импульсов ГИ типа Г5-54. В качестве гетеродина был использован генератор стандартных сигналов типа Г4-91А, работавший в импульсном режиме. Импульсы гетеродина могли смещаться по времени и поступали на смеситель сразу после окончания зондирующего импульса, что позволило сократить время восстановления приемника до 0,2-0,3 мкс. Для обеспечения минимального коэффициента шума приемника использовался волноводный смеситель балансного типа. Транзисторный УПЧ с промежуточной частотой 60 МГц имел полосу пропускания 25 МГц. В итоге чувствительность приемника составляла -120 дБВт.

В представленной работе были проведены расчеты для акустической линии задержки, состоящей из звукопровода и нанесенных на его торцы преобразователей в виде конденсаторных структур квадратного типа, соединенных последовательно-параллельно. В качестве электродов были выбраны алюминиевые пленки. Топология такого преобразователя изображена на рисунке 4.5

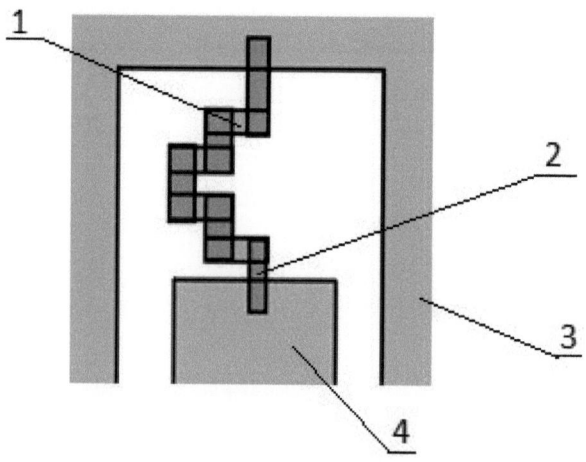

Рис. 4.5 – Топология пьезопреобразователя восьмимиллиметрового диапазона. 1 – нижний электрод, 2 – верхний электрод, 3 – центральный проводник копланарной линии 50 Ом, 4 – массовый электрод.

В расчете и при изготовлении макета были приняты следующие параметры преобразователей в виде последовательно соединенных цепочек из 8-ми элементарных преобразователей конденсаторного типа.

– площадь элементарного преобразователя в цепочке: $0{,}40 \cdot 10^{-2}$ мм^2;

– толщины алюминиевых электродов верхнего - 48 нм, нижнего –

100 нм;

– толщина подслоя SiO под пьезопленкой AlN: 35 нм;

– толщина пьезослоя AlN: 180 нм.

Кривая, полученная в результате оптимизации АЧХ для частоты 37 ГГЦ, а также представлена на рисунке 4.6.

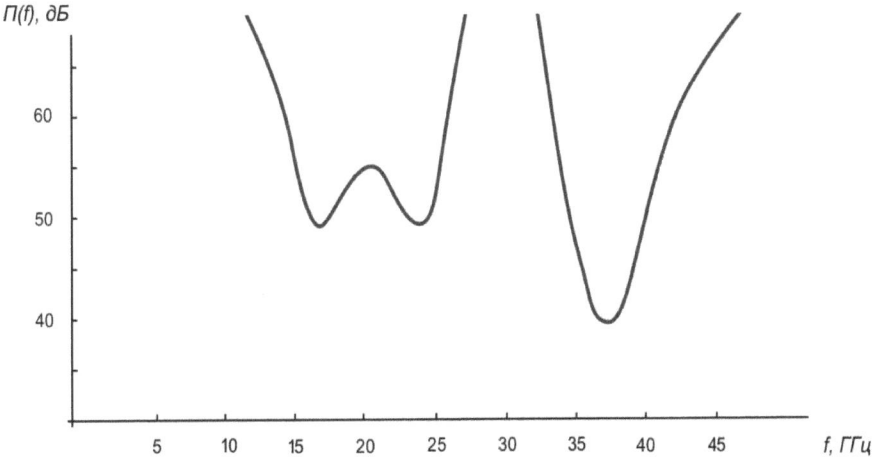

Рис. 4.6 — Результаты расчета МЭПП на AlN в 8-миллиметровом диапазоне частот.

Фотографии полученного макета в измерительной оправке приведены на рисунках 4.7 и 4.8.

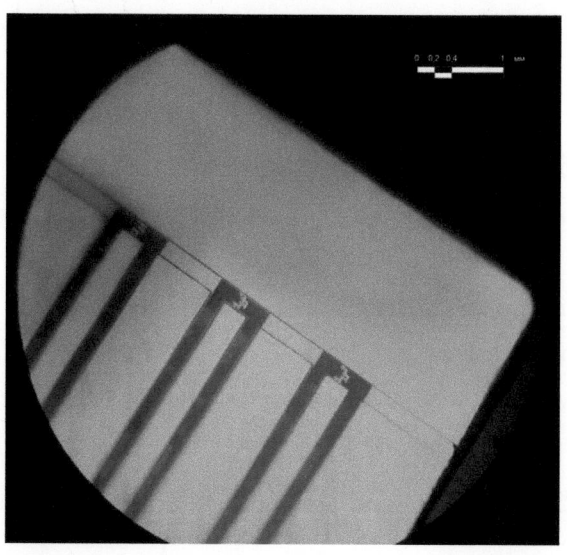

Рис.4.7 - Фотография макета АЛЗ восьмимиллиметрового диапазона длин волн

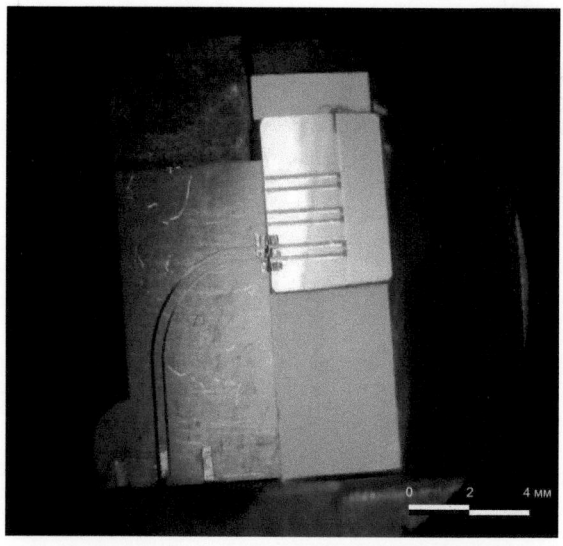

Рис. 4.8 – Фотографии макета линии задержки в измерительной оправке

В целях исключения технологической погрешности позиционирования входного преобразователя относительно выходного была выбрана конструкция акустической линии задержки «на отражение». В такой линии поданный на пьезопреобразователь зондирующий сигнал возбуждает на одном торце звукопровода акустический импульс, который после отражения от противоположного торца звукопровода возбуждает в преобразователе радиоимпульс, задержанный на время $\tau = 2l/\upsilon_{зв}$. Допустимая погрешность позиционирования пьезопреобразователя для восьмимиллиметрового диапазона частот составляет порядка 5 мкм. В данной работе в конструкции акустической линии задержки был использован звукопровод из монокристаллического материала с низким затуханием объемной акустической волны, лейкосапфира, на одном из оптически полированных торцах которого был расположен многослойный пленочный электро-акустический преобразователь. Поскольку поглощение в кристаллическом звукопроводе в восьмимиллиметровом диапазоне длин волн высоко - на 38 ГГц превышает 20 дБ на 0,1 мкс - то дополнительные меры по подавлению паразитных сигналов из-за многократного отражения не требуются.

ЗАКЛЮЧЕНИЕ

В данной работе было проведено изучение процесса напыления тонких пьезоэлектрических пленок нитрида алюминия методом магнетронного напыления. Образцы, полученные на различных типах подложек, были изучены методами Оже-спектрометрии, сканирующей электронной микроскопии, методом дифракции электронов, рентгеноструктурного анализа, атомно-силовой микроскопии, а также эхо-импульсным методом. Полученные данные позволили сделать заключение о возможности эффективного применения изученных пленок для создания акустоэлектронных приборов, работающих в СВЧ и КВЧ диапазонах.

Был проведен расчет частотной характеристики электрического импеданса пьезопреобразователя на основе пленок AlN, рассчитана схема согласования пьезопреобразователя со стандартной передающей линией с помощью четырехполюсника из реактивных элементов. Полученные кривые частотной зависимости КСВН и коэффициента электроакустического преобразования показали эффективность применения каскада реактивностей для согласования нагрузки с СВЧ-трактом.

Расчет и экспериментальные данные созданного многоэлементного пьезопреобразователя на основе пленок нитрида алюминия с рабочими длинами волн в диапазоне 8 миллиметров показали возможность применения пленок нитрида алюминия для конструирования акустоэлектронных устройств в этом, еще не освоенном, диапазоне длин волн.

СПИСОК ИСПОЛЬЗОВАННЫХ ИСТОЧНИКОВ

1.   Stan G. E., Pasuk I., Galca A. C., Dinescu A. Highly Textured (001)AlN Nanostructured Thin Films Synthesised By Reactive Magnetron Sputtering For SAW And FBAR Applications // Digest Journal of Nanomaterials and Biostructures Vol. 5, No 4, October-December 2010, p. 1041-105.

2.   Босов С.И., Н.В. Леонтьев, Двоешерстов М.Ю. 3D-Моделирование FBAR Резонаторов // Физическая акустика. Нелинейная акустика. Распространение и дифракция волн. Акустоэлектроника. Геоакустика. Сборник трудов Научной конференции "Сессия Научного совета РАН по акустике и XXV сессия Российского акустического общества". Т. I. - М.: ГЕОС, 2012. 370 с.

3.   Assouar M.B., El Hakiki M., Elmazria O., Alnot P., Tiusan C. Synthesis and microstructural characterisation of reactive RF magnetron sputtering AlN films for surface acoustic wave filters // Diamond and Related Materials 13(2004)1111–1115.

4.   Xiao-Hong Xu, Hai-Shun Wu, Cong-Jie Zhang, Zhi-Hao Jin. Morphological properties of AlN piezoelectric thin films deposited by DC reactive magnetron sputtering // Thin Solid Films. Volume 338. Issues 1-2. p. 62-67. Elsevier. 1 June 2001.

5.   Gulbinski W. Physical Vapour Deposition of Thin Film Coatings Part II Magnetron sputtering // European Summer School PPST 2008.

6.   Mishin S., Marx D. R., Sylvia B., Lughi V., Turner K. L., and Clarke D. R. Sputtered AlN Thin Films on Si and Electrodes for MEMS Resonators: Relationship Between Surface Quality Microstructure and Film Properties// 2003

IEEE Ultrasonics Symposium-2032.

7.   Kuangwoo Nam, Yunkwon Park, Byeoungju Ha, Dongha Shim, Insang Song. Piezoelectric Properties of Aluminum Nitride for Thin Film Bulk Acoustic Wave Resonator // Journal of the Korean Physical Society, Vol. 47, September 2005, pp. 309~S312.

8.   Karamdel J., Dee C.F., Salleh M.M., Burhanuddin Y.M. Characterization of Aluminum Nitride Nano Film Deposited by RF Magnetron Sputtering in Buffer Layers Applications // World Applied Sciences Journal 9 (Special Issue of Nanotechnology): 52-55, 2010.

9.   Мейнке X., Гундлах Ф.В. Радиотехнический справочник // Том I. Пер. с немецкого. Государственное энергетическое издательство, 1961.

10.   Верменичев, Б.М. Температурная зависимость проводимости плёнок Zn(Cu)O // 2006.

11.   Optical transitions and multiphonon Raman scattering of Cu doped ZnO and MgZnO ceramics // Applied Physics Letters, 2009. Vol. 94 ; Iss. 061919.

12.   Сучков, С.Г. Анизотропия упругих свойств тонких металлических пленок и её влияние на характеристики устройств на ПАВ // Радиотехника и электроника [том 47], №4,2002. – С. 510-514.

13.   Hui Li [et al.]. Analysis of multilayered thin-film piezoelectric transducer arrays: Ultrasonics, Ferroelectrics and Frequency Control // IEEE Journals & Magazines Vol. 56; Iss. 11 ; P. 2571-2577.

14.   Zyuryukin, Yu.A. Multielement piezoelectric traveling – wave transducers (MPTWT), their merits, region of the appliance and deficiencies // Ultrasonics World Congress Proceedings / Duisburg, Germany, 1995. - P.281–284.

15.   Sveshnikov, B.V. Tunable Phase-Shifting Reflectors of Surface and Bulk Acoustic Waves // Ultrasonics World Congress Proceedings. - Berlin, 1995. - P.387-390.

16.   Trotel, J. Calculation of the bandshape factor of a piezoelectric thin-film transducer // IEEE Journals & Magazines Vol. 4 ; Iss. 8. – P. 156-157.

17. Ваганов Р.Б. Основы теории дифракции: Современные физико-технические проблемы // Москва: Наука, 1982. – 272 с.

18. Войтович Н. Н. Обобщенный метод собственных колебаний в теории дифракции // Н. Н. Войтович, Б.З. Каценеленбаум, А. Н. Сивов. - Москва: Наука, 1971. – 416 с.

19. Острик А.В. Расчет дифракции акустического импульса малой длительности на отверстии сложной формы в заполнителе, окруженном упругой оболочкой // А. В. Острик, И. Б. Петров, В. П. Петровский // Матем. Моделирование [том 2]; Вып. 8. - 1990. - С. 51–59.

20. Волошин А.С. Влияние акустической анизотропии на передаточные функции акустооптического взаимодействия // А.С. Волошин, В.И. Балакший // Труды школы-семинара «Волны-2011». Секция 7. - С. 3-7.

21. Волошинов В.Б. Закономерности распространения плоских волн в оптических и акустических анизотропных средах // Труды школы-семинара «Волны-2011». Секция 7. - С. 8–12.

22. Дудзинский Ю.М. Ближнее поле асимметричного гидродинамического излучателя // Акуст. вісн. [том 7]; № 4. - 2004. - С. 48-51.

23. Kawashima K. Theory and numerical calculation of the acoustic field produced in metal by an electromagnetic ultrasonic transducer // Journal of the Acoustical Society of America, 1976. [Vol. 60] ; Iss. 5 ; P. 1089-1099. - ISBN:[43]35.60; [43]85.48.

24. Tobocman W. Calculation of acoustic wave scattering by means of the Helmholtz integral equation // Journal of the Acoustical Society of America, 1984.– [Vol. 76] ; Iss 2 - P.599-607.

25. Fenlon F.H. Calculation of the acoustic radiation field at the surface of a finite cylinder by the method of weighted residuals // Proceedings of the IEEE, 1969. [Vol.57] ; Iss. 3 ; P. 291-306.- ISSN: 0018-9219.

26. Bouchet, L. Calculation of acoustic radiation using equivalent-sphere methods // Journal of the Acoustical Society of America, 2000. [Vol. 107] ; Iss. 5 ; P.

2387-2397.

Printed by Books on Demand GmbH, Norderstedt / Germany